RAPPORT

LE CANON DE CAMPAGNE ANGLAIS

SYSTÈME MAXWELL,

MODÈLE 1870.

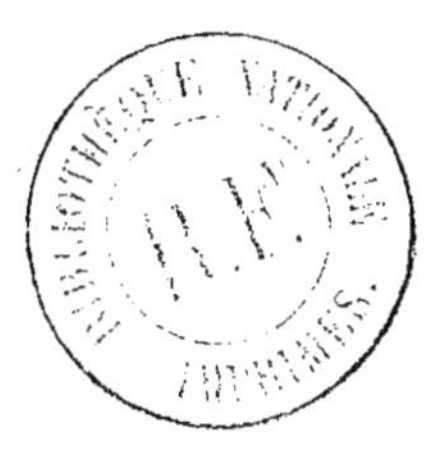

RAPPORT

SUR

LE CANON DE CAMPAGNE ANGLAIS

SYSTÈME MAXWELL,

MODÈLE 1870.

NOTE.

Avec l'autorisation de M. le Ministre de la guerre, le Président du comité de l'artillerie a l'honneur de communiquer à MM. les officiers de l'arme un rapport dans lequel M. le lieutenant-colonel Berge rend compte de la mission qu'il a été chargé de remplir en Angleterre. Il a semblé au comité que ce document contenait des renseignements utiles et méritant d'être portés à la connaissance de tous les officiers. Il est d'ailleurs bien entendu que ce travail n'a aucun caractère officiel et que M. le lieutenant-colonel Berge doit être considéré comme étant seul responsable des appréciations qui y sont formulées.

Le Général de division,
Président du comité de l'artillerie,

FORGEOT.

Londres, 25 octobre 1871.

MONSIEUR LE MINISTRE,

En me faisant l'honneur de me confier une mission en Angleterre, Votre Excellence m'a prescrit de la renseigner sur le nouveau canon que le gouvernement anglais vient d'adopter. Votre Excellence m'a en outre ordonné de me rendre en Belgique et de m'informer de l'état actuel de son artillerie.

Pour répondre aux intentions de Votre Excellence, je lui ferai connaître d'abord le mode de fabrication des affûts et des voitures en fer.

Je décrirai ensuite le nouveau canon de campagne système Maxwell. Je le comparerai aux différentes bouches à feu de l'Europe, et en particulier à la pièce que les Belges ont empruntée aux Prussiens.

Je terminerai par une étude sur le nouveau canon que la France doit substituer à celui de 1858.

Je suis avec le plus profond respect, Monsieur le Ministre, de Votre Excellence le très-humble et très-obéissant serviteur.

Le Lieutenant-Colonel au 13ᵉ régiment d'artillerie,

H. BERGE.

RAPPORT

SUR

LE CANON DE CAMPAGNE ANGLAIS

SYSTÈME MAXWELL,

MODÈLE 1870.

MODE DE FABRICATION

DES AFFÛTS ET DES VOITURES EN FER À L'ARSENAL DE WOOLWICH.

L'emploi du fer dans les constructions de l'artillerie fut proposé en France, dès 1833, par M. le général Thiéry. Ses avantages furent exposés dans un remarquable mémoire imprimé en 1834 par ordre de M. le maréchal Soult.

« Les applications du fer, disait le général Thiéry, ont « pris depuis quelques années une extension toujours « croissante................ Les constructions de la « guerre n'ont pas jusqu'à présent participé à cet essor « général de l'industrie. Le bois, les métaux tendres, le fer, « sous de faibles échantillons, sont aujourd'hui, comme « dans l'enfance des arts mécaniques, les seuls matériaux « en usage dans l'artillerie et le génie.

« Ces matériaux sont, il est vrai, faciles à façonner, mais « par cela même, d'une nature fragile et périssable. A dé-

2.

« faut du boulet ennemi, le temps en fait promptement
« justice. Avec un matériel composé de semblables éléments,
« la paix est presque aussi ruineuse que la guerre : ce n'est
« qu'à force de soins, de dépenses en entretien, en maga-
« sins, en approvisionnements, que l'on parvient à assurer
« les besoins des armées. Nous citerons, pour preuve de ces
« assertions, les sommes qu'il a fallu enfouir dans nos arse-
« naux depuis 1830 pour y réparer les ravages de quinze
« années de paix.

« Le fer, par la difficulté de sa mise en œuvre, appartient
« à un art plus avancé; mais cette difficulté une fois vain-
« cue, combien d'avantages résulteraient de l'application du
« fer aux constructions militaires ! . . . . . . Le fer est,
« sous tous les rapports, l'élément par excellence de la
« guerre . . . . . Si les affûts et les voitures de l'artillerie
« pouvaient être établis en fer, les remplacements pour
« cause de vétusté seraient nuls. Le fer étant toujours prêt
« à être mis en œuvre, il ne serait plus nécessaire d'avoir à
« l'avance, comme pour le bois, des approvisionnements
« dont les déchets sont considérables. Quelques enduits hy-
« drofuges suffiraient à la parfaite conservation de ce ma-
« tériel dans toutes les localités, et les nombreux bâtiments
« consacrés à l'emmagasinement de l'artillerie deviendraient
« inutiles.

« Ajoutons que le prix du bois, dont l'approvisionnement
« de réserve coûte aujourd'hui 2 millions par an, augmente
« sans cesse. Les meilleures essences, les gros échantillons,
« deviennent chaque jour plus rares. Ce résultat naturel des
« progrès de l'industrie et de l'agriculture menace l'avenir
« des constructions en bois. Le contraire a lieu pour le fer,
« dont la production artificielle suit les développements de
« la civilisation. »

Les quarante années qui se sont écoulées depuis la publication du mémoire du général Thiéry ont prouvé combien ses idées étaient sages. Elles n'en furent pas moins très-mal accueillies. Des expériences furent prescrites par le duc de Dalmatie, dont le général Thiéry était alors aide de camp. Elles furent considérées comme défavorables aux propositions que M. le Ministre patronnait. Ces expériences donnèrent lieu à un rapport inséré dans le numéro 4 du *Mémorial de l'artillerie*, en 1837.

Il se termine par les conclusions suivantes :

« Les résultats ont produit l'opinion unanime que le ma-
« tériel en fer est inapplicable à la défense des places et des
« côtes. »

Reprenant ses idées avec persévérance, le général Thiéry écrivait en 1840, non sans tristesse :

« La routine, dit Lloyd, est un tyran plus impérieux que
« tous les despotes de l'Orient. Il n'y a pas d'argument
« direct qui puisse arracher des esprits une opinion bien
« ou mal fondée; c'est au temps seul, aidé de quelques cir-
« constances favorables, à la sécher dans ses racines. . . . .

« Tel a été le sort d'une foule de découvertes et de per-
« fectionnements dont la France s'est vue déshéritée au
« profit de l'étranger. Ce sort a été partagé par l'écrit publié
« en 1834 *sur les applications du fer aux constructions de l'ar-*
« *tillerie.* A peine cet écrit avait-il paru qu'il devint l'objet
« des attaques les plus contradictoires. On signala l'auteur
« comme un novateur égaré par un esprit paradoxal.

« Le mémoire en question n'était qu'un préambule à
« des essais ordonnés par M. le maréchal Soult, alors mi-
« nistre de la guerre. Le maréchal avait compris que le
« moment était venu d'utiliser les progrès de l'industrie du

« fer, et d'aborder cette grande et nouvelle voie de perfec-
« tionnement. . . . . Malheureusement ces travaux ne purent
« être accomplis avant que le duc Dalmatie quittât le minis-
« tère, et la question qu'il avait entamée perdit avec son
« appui toute chance de succès. »

Depuis cette époque jusqu'à nos jours, l'opinion pu-
blique s'est peu modifiée dans l'artillerie française. Malgré
l'opinion formulée par la commission de 1834, l'emploi ex-
clusif du fer a prévalu dans la construction des affûts de la
marine. Il a pris une place de plus en plus importante dans
le matériel des diverses puissances de l'Europe. Et cependant il rencontre chez nous les mêmes résistances et les
mêmes préventions qu'autrefois.

C'est ainsi qu'une transformation, conçue par le maréchal Soult en 1833, est aujourd'hui entièrement adoptée
par l'Angleterre et acceptée en principe dans d'autres pays,
tandis que nos constructeurs ne songent en aucune façon à
modifier leurs procédés. Ils se sont bornés à un timide essai
dans le caisson à deux roues.

Aujourd'hui cependant nous n'avons plus à discuter les
avantages signalés par l'auteur du mémoire de 1834.

Depuis ce temps tout est changé en Europe. Toutes les
transformations qui se sont opérées rendent les mobilisa-
tions plus rapides, les armements plus imprévus, l'attaque
plus hardie, la défense plus périlleuse. Toutes les nations
sont tenues d'être toujours prêtes à combattre. Devancer
son adversaire de quelques jours, de quelques heures, c'est
avoir déjà pour soi tous les gages de la victoire.

La prévoyance la plus vulgaire impose donc l'obligation
de rejeter de nos règlements toutes les pratiques qui peuvent
ralentir nos mouvements. L'une des habitudes avec les-
quelles il est le plus essentiel de rompre est celle qui

consiste à engerber les voitures de campagne dans les ar-
senaux.

Ces voitures doivent être au nombre d'environ vingt
mille pour l'artillerie seulement. C'est folie de continuer à
les entasser sous forme de piles savantes que l'on ne peut
défaire sans le concours de nombreux travailleurs et sans
plus d'un mois de délai. Il faut, au contraire, que nos batteries aient toujours, en toute propriété, leur matériel de
guerre complet et chargé. Elles doivent l'avoir à leur disposition et sous la main. Désormais toutes nos voitures, y
compris celles des parcs, doivent être constamment sur
roues, toutes garnies, prêtes à atteler.

La conséquence de cette nécessité politique est la construction d'un matériel en fer qui puisse se maintenir à l'air
sans se pourrir, et qu'une couche de peinture annuelle suf-
fise à préserver de la rouille.

Ce sont ces considérations qui ont déterminé les Anglais
à adopter l'affût en fer; mais ils ont en outre obéi à des
nécessités d'un autre ordre. Leurs nouvelles pièces de campagne tirent à la charge du cinquième du poids du projectile. Elles ont un recul violent. Les affûts en bois qui por-
taient le canon Armstrong n'ont pas paru donner toutes les
garanties désirables de résistance. On s'est décidé à en re-
faire de nouveaux. Il n'y avait plus dès lors à hésiter sur
l'emploi du fer. Le fer seul promettait une solidité à toute
épreuve. Le fer seul permettait de renouveler en un temps
très-court la totalité du matériel. Avec le fer et avec un
outillage bien entendu, on pouvait arriver à une rapidité
d'exécution qu'il est difficile d'atteindre lorsque le bois do-
mine dans les constructions. On n'avait pas enfin à se préoccuper d'approvisionnements que l'on ne possédait pas et
que l'on aurait eu grande peine à se procurer.

PROCÉDÉS USITÉS À L'ARSENAL DE WOOLWICH.

Nous allons examiner les procédés que les Anglais ont adoptés pour fabriquer les affûts et les caissons de leurs nouveaux canons de 9 et de 16 livres. Ces procédés sont les mêmes pour les deux calibres, mais il s'agira uniquement, dans ce qui va suivre, de l'affût et du caisson destinés au canon de 9 livres.

L'arsenal de Woolwich achète dans le commerce ses matières premières. Ce sont des tôles de 4 à 5 millimètres d'épaisseur, et des cornières d'environ 5 centimètres de côté sur 1 centimètre d'épaisseur. Ces fers sont payés de 27 à 30 francs les 100 kilogrammes.

L'affût se compose des parties suivantes :

En bois : un corps d'essieu, les deux coffrets d'affût, les rais et les jantes des roues;

En bronze : l'écrou de vis de pointage, la roue de la vis horizontale, les moyeux formant boîtes de roues;

En fer : les cadres des deux flasques prolongés jusqu'au bout de crosse, le bout de crosse-lunette, les garnitures, anneaux, chaînes, les cercles, etc.;

En tôle : les feuilles appliquées sur les cadres des flasques, la boîte de l'engrenage de la vis de pointage.

Les deux flasques se composent chacun d'un cadre en fer, formé de cornières convenablement ployées et soudées et sur lequel on applique une feuille de tôle. La tôle est liée aux cornières par de nombreux rivets.

Les deux flasques sont exactement symétriques.

Chacun d'eux est formé de cinq parties principales pour le cadre seulement :

1° La tête du cadre;

2° Le logement des tourillons;

3° Le logement du corps d'essieu;

4° Le dessus du cadre;

5° Le dessous.

La tête du cadre se compose d'un morceau de cornière plié à chaud au feu de forge (fig. 1). L'ouvrier commence par chauffer la cornière en A, il enlève un triangle de métal, rechauffe, plie à angle droit, rechauffe, puis soude en A'; il recommence et opère de même en B.

Le logement des tourillons est une ferrure spéciale (fig. 2) ébauchée au marteau-pilon. La place destinée aux tourillons est pleine et n'est évidée que plus tard, lorsque le flasque est terminé. Cette place n'est marquée que par une surépaisseur du métal, qui a dans cette partie des dimensions légèrement supérieures aux dimensions extérieures de la cornière.

Le logement du corps d'essieu est un morceau de cornière (fig. 3) plié quatre fois à angle droit. L'ouvrier chauffe la cornière en A, coupe au ciseau la partie plane, puis plie l'autre partie en *a*; il rechauffe au blanc, puis soude un petit triangle de fer *a e f* préparé à l'avance. Il opère de même en B; il plie ensuite les angles E et F en commençant par enlever du métal en D et C.

Le dessus du cadre se compose d'une cornière MNPR (fig. 4) pliée dans le sens horizontal en N et dans le sens vertical en P; l'extrémité R est taillée en biseau. Les flexions en N et en P sont assez légères pour qu'il n'y ait ni à enlever ni à ajouter de métal.

Le dessous du cadre VTSR est préparé de même. Il est plié en T dans le sens horizontal et en S dans le sens vertical.

Lorsque les cinq parties principales du cadre sont ainsi préparées, elles sont soudées. Elles forment la partie la plus importante du flasque.

D'après ce qui vient d'être dit, les soudures (fig. 5) se trouvent aux points marqués 1, 2, 3, 4 et 5. Les deux flasques symétriques devant se correspondre parfaitement, leurs cadres sont portés sur une table à tracer où le contrôleur vérifie très-exactement leurs dimensions. Cette opération est l'une des plus délicates de la construction de l'affût, et les plus grands soins sont pris pour s'assurer de la régularité du travail.

La feuille de tôle destinée à être appliquée sur le cadre est découpée à la scie verticale. La scie doit avoir un mouvement lent pour ne pas s'échauffer; aussi la taille d'une feuille est assez longue : elle dure environ trois quarts d'heure.

La feuille, une fois découpée, est provisoirement fixée au cadre dans la position qu'elle doit occuper. Le flasque se trouve ainsi formé, et, pour l'achever, on le porte sous la machine à percer; on perce le logement des rivets.

Les rivets d'assemblage sont au nombre d'environ 70 par flasque.

De la machine à percer le flasque passe à la machine à river. Elle fixe près de deux rivets par minute.

Lorsque les deux flasques sont ainsi terminés dans leurs parties principales, on les reporte sur la table à tracer. On marque au burin le logement des tourillons et l'emplacement des ferrures accessoires qu'il faut adapter aux deux côtés de l'affût.

Deux traits de scie (fig. 6) donnés à peu près à angle droit sont le début de l'opération qui consiste à creuser le logement des tourillons, Ces deux traits servent à donner prise à l'outil d'une machine à raboter dont le mouvement circulaire achève le travail et convertit le triangle ABC en un demi-cercle.

Le flasque est ensuite reporté sous la machine à percer, pour creuser le logement des boulons qui doivent fixer le bout de crosse, la vis de pointage et les supports des armements. Il est ainsi préparé pour le montage.

Avant de procéder à cette opération, on exécute un travail de fini qui se fait à froid, à la lime et au marteau. L'ouvrier ferme les joints qui peuvent accidentellement se trouver ouverts entre la cornière et la tôle. Il lime les bavures, il arrondit les angles et fait disparaître toutes les arêtes vives.

On arrive ainsi au montage.

Le flasque est placé sur un faux corps d'essieu et assemblé avec le flasque symétrique au moyen d'un gabarit et d'un faux étrier maintenant les têtes des deux flasques à la distance voulue. Les deux extrémités postérieures sont momentanément réunies par un faux étrier.

Lorsque les deux flasques ont ainsi une liaison provisoire, on vérifie la parfaite symétric de leur position. On fixe ensuite les boulons d'entretoise qui doivent les unir définitivement. Le faux étrier de bout de crosse peut alors être retiré. Il est remplacé par le bout de crosse-lunette, ferrure massive aussi lourde et aussi compliquée que la nôtre. Des boulons traversent à la fois le dessus de cette ferrure, les cornières des flasques et la semelle. Ils saisissent le tout de la manière la plus solide.

Le support de la vis de pointage, les supports des armements et les anneaux de la chaîne d'enrayage sont préparés séparément. Il ne reste plus qu'à les boulonner. Ce travail se fait à froid.

Dans cet état, le corps d'affût est constitué et complet. On le porte sur son essieu. Celui-ci a été préalablement garni d'un corps d'essieu en bois, destiné à amortir les chocs et à faciliter l'assemblage. Des étriers d'essieu sont boulonnés sur les cornières et assujettissent les deux flasques.

(Fig. 7.) Les coffrets d'affûts ont été terminés à part. Ils doivent former deux siéges et sont construits en conséquence. Ils ont environ 40 centimètres de côté.

En dessous de ces coffrets sont fixés des marchepieds mobiles. On les descend ou on les remonte à volonté, en faisant couler les montants dans des anneaux placés aux quatre angles inférieurs du coffret.

Sur les côtés, entre le coffret et la roue, se trouve un garde-bras. Deux montants en fer, coudés à hauteur convenable, maintiennent tendue une bande de toile. Cette toile forme une rigole dans laquelle l'homme assis sur le coffret pose le bras, sans avoir à craindre le contact de la roue voisine.

Les coffrets sont fixés sur le corps d'essieu. Les supports de coffret sont très-solidement boulonnés sur les ferrures qui servent de supports aux garde-bras et aux marchepieds.

L'encastrement des tourillons est muni de susbandes. Le vide de cet encastrement est calculé, ainsi que la courbure des susbandes, de manière à emboîter exactement le tourillon. Il ne conserve que le jeu strictement nécessaire à son mouvement de rotation.

La vis de pointage est liée au bouton de culasse. Elle est mise en mouvement par une vis sans fin horizontale, dont la tête porte une roue en bronze, placée à droite du flasque droit, sous la main du pointeur.

On a supprimé le mécanisme qui, dans les canons de campagne Armstrong, servait à donner des mouvements latéraux à la pièce sans déplacer l'affût.

Les moyeux des roues sont en bronze. Ils forment en même temps boîtes de roues. Les Anglais s'applaudissent beaucoup de cette disposition. Elle dispense du travail compliqué des moyeux en bois et de la recherche de bois convenant à leur confection. Elle est économique. Elle rend l'assemblage de la roue et ses réparations très-commodes. Le remplacement d'un rais est une opération des plus simples. Les moyeux métalliques sont du reste adoptés, au moins en principe, par la Prusse, la Russie, l'Amérique et l'Italie.

Il n'y a pas lieu de s'étendre sur la construction des avant-trains et des corps de caisson : elle admet les mêmes procédés que celle des affûts et comprend la même série d'opérations.

Les brancards et les armons sont formés de fers à double T, sur lesquels sont boulonnés les marchepieds et les chapes des courroies d'attache des coffres.

La particularité la plus remarquable est la précaution prise d'envelopper la volée avec une douille de tôle qui règne sur toute la longueur. Cette douille est épaisse de 3 millimètres environ. C'est sur elle que sont boulonnés d'une part les crochets d'attelage, de l'autre les tirants qui relient la volée à l'essieu. La volée acquiert ainsi une solidité dont les nôtres sont loin d'approcher. De plus, une volée dont le bois est rompu se borne à subir une flexion plus ou moins forte; elle continue son service jusqu'à ce qu'on ait le temps et les moyens de la remplacer.

En résumé, les affûts de campagne et les corps de caissons en fer, tels que l'arsenal de Woolwich les construit, ont de nombreuses et grandes qualités.

Pour les pièces de même calibre, ils ont le même poids que les affûts et les caissons en bois du modèle précédent.

Ils ne coûtent que 125 francs de plus en moyenne. Cette augmentation de prix est plus que compensée par la durée et par l'absence de toute réparation.

La fabrication est très-simple. Elle dépasse par sa rapidité tous les besoins possibles de l'Angleterre.

Elle n'exige que des approvisionnements de bois insignifiants.

Les affûts ont une solidité qui permet d'employer les plus fortes charges, sans avoir à se préoccuper de la résistance des flasques.

L'angle de tir a été augmenté et porté de 16 à 20 degrés, ce qui correspond à une distance de 5,000 mètres.

Le chargement des coffres, si compliqué dans le matériel Armstrong, a été très-heureusement simplifié.

Les coffrets d'affût donnent les moyens d'enlever avec la pièce deux servants, qui sont assis dans des conditions de sécurité très-convenables. On a donc, avec les deux hommes assis sur l'avant-train, tout le personnel nécessaire pour faire feu.

Les coffrets contiennent une longue-vue par batterie. Cette longue-vue est pourvue de son trépied.

Ils contiennent, en outre, des instruments permettant d'apprécier les distances, avec une approximation d'un centième au moins. Chaque batterie possède un de ces appareils.

Les coffres d'avant-train et de caisson portent tous les

objets de campement, les vivres et les sacs des hommes.
Tout cela est arrimé très-commodément et très-proprement.
Tous les objets sont indépendants les uns des autres. Il est
aussi facil 1 de les placer que de les retirer.

Il y a loin de cette prévoyance et de cet esprit de méthode au désarroi de nos batteries de campagne, charriant
tant bien que mal leur fourrage et leur campement. Dans
la batterie anglaise chaque chose a sa place, et une place
rationnelle et pratique. Dans la batterie française rien n'est
prévu. Le capitaine n'a pas d'ailleurs la permission de
mettre un clou ni d'enfoncer une vis. Il n'a pas une corde,
pas une ficelle, pas une courroie; et l'on s'étonne qu'il
sème les routes de ses sacs et de son avoine! Il semble que
nos tables de construction aient été arrêtées en vue d'un
monde idéal, monde dans lequel les hommes pourraient
se passer de dormir et les chevaux de manger.

A côté de ses avantages, le matériel anglais a des défauts
que l'on pourrait tâcher d'éviter.

Il a un luxe de solidité qui paraît exagéré. Pour le même
poids total, il vaudrait mieux rendre la pièce plus lourde
et l'affût plus léger.

Les rivets paraissent trop nombreux. Les Anglais con-
viennent eux-mêmes que leur fabrication pourrait être sim-
plifiée. L'emploi de fers à double T permettrait probable-
ment de construire des affûts composés de moins de parties.
On pourrait peut-être économiser un certain nombre de
soudures et une partie du travail à la petite forge.

L'angle de tir devrait être augmenté. Quelle que soit la
portée extrême de la pièce, elle doit pouvoir être obtenue
sans que l'on ait à enterrer la crosse.

La vis de pointage semble trop compliquée. On peut

apporter à cet appareil de nombreuses améliorations que les Anglais n'ont pas abordées.

L'emploi d'un système permettant de donner à la pièce des mouvements latéraux modérés est indispensable pour le pointage aux grandes distances. L'affût du canon Armstrong possédait un appareil de ce genre; on ne s'explique pas très-bien pourquoi les Anglais l'ont supprimé sans le remplacer par quelque autre des procédés qui procurent les mêmes avantages.

Il est inutile d'insister sur les critiques qui seraient communes à l'ancien et au nouveau matériel. Le matériel Armstrong est assez connu en France pour qu'il n'y ait pas lieu d'en parler.

On continue, en Angleterre, à fixer les coffres sur les avant-trains et sur les corps des caissons au moyen de larges courroies. En général nous n'aimons pas ce mode d'attaches, qui offre certains avantages, mais qui exige un entretien assez considérable et l'emploi de cuirs d'excellente qualité.

Il reste à conclure de cet examen que, prise dans son ensemble, la fabrication des affûts de campagne et des caissons en fer procure d'importants avantages. On ne pourrait pas, sans encourir une lourde responsabilité, méconnaître ce nouveau progrès de l'art et de l'industrie militaires, car il est plus indispensable encore à la France qu'à toute autre puissance d'en adopter le principe.

Le tableau suivant donne divers renseignements relatifs au poids des voitures du nouveau matériel anglais, comparé au matériel français.

TABLEAU N° 1.

VOITURES.	ANGLAIS.			FRANÇAIS.	
	9 livres se chargeant par la bouche.	9 livres Armstrong.	16 livres se chargeant par la bouche.	4 se chargeant par la bouche.	7 se chargeant par la culasse.
	(En fer.)	(En bois.)	(En fer.)	(En bois.)	(En bois.)
Poids de l'affût avec armements et coffrets chargés.	558^k	530^k	"	430^k	640^k
Poids de l'avant-train avec roues et coffres chargés. .	(1) 737	(1) 761	"	572	720
Poids de la pièce avec affût et avant-train chargé....	(1) 1,800	(1) 1,721	(1) 2,150^k	(3) 1,330	(3) 2,000
Poids du caisson avec avant-train chargé............	(2) 2,050	(2) 2,000	(2) 2,420	(4) 1,600	(4) 2,400

(1) Avec les sacs des servants, les cordes, piquets, mousquets, etc. etc.

(2) Avec roue de rechange, tentes, sacs, timons, crics, etc.

(3) Sans aucun objet de campement.

(4) Sans sacs ni objets de campement.

Le tableau suivant donne les prix du nouveau matériel, tels qu'ils figurent sur les inventaires de Woolwich.

TABLEAU N° 2.

Canon de bronze, 410 kilogrammes (pour les Indes) (1)...... 1,864^f 00^c

Canon de fer, à tube d'acier, 410 kilogrammes (1)........... 2,250 00

Affût......,.. 2,000 00

Avant-train de l'affût..................................... 1,730 00

Corps de caisson.. 1,980 00

Avant-train du caisson.................................... 1,550 00

Caisson de 2ᵉ ligne.. 3,667 00

214 coups pour la pièce et deux caissons.
- 96 obus à segments (80 centimes le kilog.). 312 00
- 72 shrapnells...................... 475 00
- 24 obus ordinaires (90 centimes le kilog.). 68 40
- 22 boîtes de mitraille................. 48 50

A reporter............. 15,944 90

(1) Le canon en fer, système Fraser, est adopté aujourd'hui même pour les Indes.

Report.	15,944ᶠ 90ᶜ
90 fusées à temps.	65 00
120 fusées à percussion.	162 00
300 étoupilles.	28 00
214 gargousses chargées.	474 00
Cylindres, boîtes, etc.	40 00
Charges pour les obus à segments.	55 00
TOTAL d'une pièce avec ses deux caissons, leurs munitions, charges et accessoires.	16,768 90

Le prix des obus ordinaires se décompose ainsi qu'il suit :

	les 100 kilog.
Obus sortant de la fonderie.	24ᶠ 15ᶜ
Forage des alvéoles.	2 05
Ailettes en zinc.	3 45
Pose des ailettes.	2 20
Rabotage et tournage des ailettes.	1 40
Ajustage et finissage.	7 25
Pointure.	1 10
TOTAL.	41 60

DESCRIPTION DU CANON DE 9 LIVRES ANGLAIS,
SYSTÈME MAXWELL (1870).

Depuis l'adoption du système Armstrong, en 1859, le gouvernement anglais n'a pas cessé d'éprouver des difficultés considérables. Le jour du débarquement des armées alliées au Peï-ho, en 1860, une batterie anglaise se vit, dès l'ouverture du feu, privée du concours de deux de ses pièces. Le coin qui ferme la culasse avait été projeté, laissant le canon hors de service pour le reste de la journée. On évita dans la suite les inconvénients que ces fâcheux débuts semblaient pronostiquer, mais on resta sujet à de nombreuses difficultés inséparables des mécanismes compliqués.

Le système Armstrong exige presque impérieusement l'emploi de l'acier. L'acier est un métal capricieux que l'industrie de la Grande-Bretagne est en mesure de fournir excellent, mais qui résiste mal au climat des colonies. En dépit de tous les soins, il est rapidement attaqué par l'humidité chaude de l'Inde comme par celle des Antilles. Une fois que la rouille a pénétré dans les joints de la fermeture Armstrong, il est difficile de compter sur son efficacité.

De plus, les avaries sont difficiles à réparer. Peu importe qu'elles soient le fait du climat ou qu'elles soient purement accidentelles. L'Angleterre entretient de nombreuses batteries à quatre ou cinq mille lieues de son seul atelier de construction. Tant que le principe du service volontaire prévaudra chez elle (et il n'est pas près de succomber), elle sera peu en mesure d'entretenir des compagnies d'ouvriers. Lors même que ces campagnies existeraient, ces corps d'artisans inexpérimentés seraient hors d'état de faire des ajustages qui exigent des mécaniciens de profession.

L'artillerie anglaise éprouvait donc le besoin de modifier son matériel. Cette modification aurait pu n'être que partielle; on aurait pu rendre à l'armée des Indes ses anciens canons lisses; ils eussent été très-suffisants pour lutter contre les adversaires qui peuvent survenir dans ce pays. On aurait pu fondre, pour les climats des tropiques, des bouches à feu spéciales propres à supporter leurs climats destructeurs.

Pour l'Europe, on aurait conservé le système Armstrong, sauf à l'améliorer dans quelques détails et à faire disparaître, autant que possible, ses accessoires compliqués.

Mais ces timides réformes ne suffirent pas aux vues du gouvernement anglais. On décida que l'on adopterait une pièce unique pour toutes les parties du monde. On voulut un système tel qu'il pût être exécuté en bronze pour les pays chauds et en acier pour l'Europe. On se demanda si les défauts du modèle français ne tenaient pas uniquement à l'imperfection de ses détails. On espéra triompher de son manque de justesse par du soin et par de sages modifications.

Dans la limite de ce qu'il était possible d'espérer, on réussit complétement. Après une année de tâtonnements, on arriva au système suivant. On l'exécuta d'abord en bronze pour l'armée des Indes. On décida ensuite qu'il serait fait exclusivement en acier, d'après le système Fraser, et que les pièces de ce modèle seraient employées indifféremment dans les colonies et en Europe.

SYSTÈME MAXWELL.

Le canon de 9 livres a un calibre de 76 millimètres; celui du canon de 4 français est de 86 millimètres.

En suivant le parallèle entre notre canon de 4 kilogrammes et le canon anglais de 9 livres, on trouve de nombreuses analogies et les différences suivantes :

La longueur d'âme est portée de $1^m,40$ à $1^m,63$, c'est-à-dire de 16 calibres à 21 1/2.

Le poids de la pièce, soit en bronze, soit en acier, est de 410 kilogrammes, au lieu de 330.

Le nombre des rayures est réduit de 6 à 3. Leur forme est la même. Le pas de l'hélice est à peu près le même, $2^m,28$ au lieu de $2^m,25$. Le calibre étant moindre, l'inclinaison des rayures anglaises sur l'axe de la pièce n'est que de 6 degrés, au lieu dé 6° 53'. Grâce à la diminution du jeu des ailettes et à leur régularité, le centrage est ou au moins semble complet.

On a fait l'expérience suivante. On a mis une bougie allumée à la place de la charge, on a introduit l'obus et on l'a poussé jusqu'au fond des rayures. Puis on a pris l'image photographique de la tranche de la bouche, la pièce étant placée de manière à laisser voir le fond de l'âme. L'image a reproduit les arcs lumineux que le projectile laissait apercevoir entre sa circonférence et les parois de l'âme. Séparés par les points de contact des ailettes, ces trois arcs étaient d'une régularité parfaite. Le centrage paraissait mathématique.

Les ailettes sont en zinc pour le canon de 9 livres et en cuivre pour les calibres supérieurs. On songe à les faire toutes en cuivre.

Le vent de l'obus est réduit de 2 millimètres 1/2 à 1 1/2.

L'obus pèse $4^k,08$. Sa longueur est de près de 3 calibres, au lieu de 2.

La charge intérieure est de 214 grammes d'une poudre de chasse fine, très-dense, très-lisse et de très-bonne qualité. Notre obus, au contraire, pour lequel ces soins ne sont pas pris, porte 200 grammes d'une poudre ordinaire, sans dureté et sans brillant. Sous l'influence d'un mouvement de rotation qui est de 150 tours par seconde, cette poudre se dénature et se coagule. On verra plus loin les conséquences de la différence de chargement.

L'obus à balles pèse $4^k,200$ et porte 63 balles.

Il est muni d'une fusée fusante. L'obus ordinaire est pourvu d'un double jeu de fusées fusantes ou percutantes. Celles-ci sont considérées comme étant d'un usage ordinaire, tandis que les premières sont réservées pour les cas exceptionnels.

Tandis que la charge du canon de 4 français n'est que

le septième du poids du projectile, celle du canon de 9 livres est du cinquième, c'est-à-dire de 800 grammes. Le poids de la pièce, qui est de 80 kilogrammes plus lourde que la nôtre, permet d'employer une charge aussi forte, sans rien compromettre. D'ailleurs l'usage des affûts en fer débarrasse de toute crainte au sujet de leur résistance.

Toutes ces modifications semblaient parfaitement comprises. Elles paraissaient d'accord avec les résultats des expériences faites dans toute l'Europe depuis douze ans. Les essais faits à Shœburyness n'étaient cependant pas satisfaisants. Les écarts en direction étaient, il est vrai, très-sensiblement réduits, mais les portées restaient très-inégales. Elles continuaient à présenter ces anomalies qui rendent inadmissible le canon Whithworth.

On eut alors la pensée de renoncer à la poudre ordinaire. On fit faire une poudre analogue à la *poudre caillou*, qui est consacrée au service de la marine. Le succès fut complet. Les écarts en direction furent réduits aux limites que l'on se proposait d'atteindre.

La tension des gaz dans l'âme de la pièce descendit au tiers de ce qu'elle était auparavant. La vitesse du projectile fut encore augmentée et arriva à 420 mètres.

Des expériences furent rapidement conduites à Shœburyness. Elles donnèrent lieu à un envoi de pièces en bronze dans l'Inde.

Après ce premier envoi, le ministre nomma, le 25 juillet 1870, une commission chargée de comparer les systèmes Maxwell et Armstrong. La commission adressa, le 28 novembre de la même année, un rapport complétement favorable au premier. Le 28 décembre le ministre approuva le rapport.

La fabrication commença immédiatement.

Cette fabrication est montée sur un pied remarquable. L'outillage est disposé et le travail est réglé de telle sorte que l'arsenal peut livrer, lorsqu'il le veut, une batterie par jour. Par le mot de batterie on doit entendre les 6 bouches à feu, 12 caissons, la forge, les chariots de batterie, la voiture à bagages, les munitions, le harnachement. Les coffres sont compartimentés et chargés. Les tentes, outils, effets de campement, sont mis en place, solidement et commodément arrimés. Toutes les voitures sont prêtes à atteler pour entrer en campagne.

Aujourd'hui cette transformation est un fait presque accompli. Le ministère anglais continue à s'en applaudir. Mais il déclare en même temps que si, dans quelques années, il trouve quelque chose de mieux, il n'hésitera pas un instant à sacrifier l'œuvre qu'il vient à peine de terminer.

COMPARAISON DU CANON ANGLAIS

SYSTÈME MAXWELL ET DU CANON BELGE.

Le tableau qui suit (tableau n° 3) donne toutes les indications relatives à la construction du canon Maxwell. Il fournit en même temps, et d'une manière synoptique, les mêmes données pour les principales bouches à feu de l'Europe.

Il suffit d'examiner attentivement ce tableau pour reconnaître que le canon anglais est placé à beaucoup d'égards dans des conditions balistiques excellentes. Il n'y a pas à douter qu'il ne justifie, dans une large mesure, la confiance de ceux qui l'ont adopté.

Pour mieux faire ressortir ses avantages et aussi ses défauts, nous allons le comparer à la pièce qui paraît jusqu'à présent la meilleure de l'Europe, c'est-à-dire à la pièce belge.

TABl

Tableau des dimensions et des poids

DÉSIGNATION.		PRUSSIEN, 4.	BELGE, 4.	RUSSE, 4.	ANGLAIS, Armstrong, 4 kilog. ou 9 livres.	PRUSSIEN 6.
		SE CHARGEANT P				
Canon..	Calibre (millim.)....................	78, 5	78, 5	86, 8	76, 2	91, 5
	Nombre des rayures..................	12	12	12	38	18
	Profondeur (millim.).................	1, 3	1, 3	1, 3	1, 1	2, 03
	Largeur à l'entrée (millim.)...........	15, 2	15, 2	15, 4	3, 76	10, 4
	Largeur au fond (millim.).............	18, 0	18, 0	18, 0	3, 76	»
	Longueur de la partie rayée (millim.)......	1,513	1,513	1,193	»	1,520
	Inclinaison des rayures (degrés)..........	3° 45'	3° 45'	4° 35'	4° 43'	3° 45'
	Longueur de l'âme (calibres)............	22, 5	22, 5	17	17, 5	22, 3
	Poids de la pièce (kilog.)...............	275	275	320	330	425
Pro-jectiles.	Diamètre des obus ordinaires (millim.).....	78, 5 - 81, 1	78, 5 - 81, 1	86, 8 - 89, 4	76, 7 - 78, 0	91, 5 - 95,
	Longueur de l'ogive (millim.)...........	47, 3	48, 6	53, 0	»	85, 0
	Longueur du cylindre (millim.)..........	113, 0	114, 8	122, 0	»	90, 0
	Longueur totale (millim.)..............	160, 0	163, 4	175, 0	»	175, 0
	Poids de l'obus chargé (kilog.)..........	4, 25	4, 27	5, 65	3, 85	6, 31
	Poids de la charge intérieure (kilog.)......	0, 162	0, 244	0, 225	0, 142	0, 250
	Nombre des balles de shrapnells..........	»	62	»	42	96
	Poids des shrapnells (kilog.)............	»	3, 44	»	4, 08	»
	Nombre des balles des boîtes de mitraille...	48	61	40	»	41
	Poids des boîtes de mitraille (kilog.)......	3, 0	»	»	3, 85	»
	Charge de la pièce (kilog.).............	0, 500	0, 530	0, 600	0, 510	0, 600
	Rapport de la charge au projectile.........	1/8, 2	1/8	1/9, 3	1/8	1/11, 6
	Vitesse initiale (mètres)...............	360	372	305	323	»
Affût...	Voie (mètres)......................	1, 52	1, 48	1, 47	1, 57	1, 52
	Diamètre des roues (mètres)............	1, 55	1, 46	1, 22	1, 52	»
	Poids de l'affût (kilog.)...............	472	»	425	530	560
	Poids de l'affût avec pièce (kilog.)........	750	»	710	860	985
	Nombre de coups sur la pièce...........	1	2	»	»	1
Avant-train.	Diamètre des roues (mètres)............	1, 24	»	1, 22	1, 52	»
	Poids de l'avant-train chargé............	800	»	455	760	615
	Approvisionnement de l'avant-train. — Nombre de coups. — Obus...........	40	32	8	6	24
	Carcasses........	4	»	»	»	»
	Shrapnells.......	»	12	6	»	3
	Obus à segments..	»	»	»	18	»
	Mitraille........	4	4	4	10	3
	Nombre total de coups................	48	48	18	34	30
Traction.	Poids total de la pièce avec avant-train (kil.).	1,550	1,500	1,225	1,593	1,732
	Nombre de chevaux...................	6	6	6	6	6
	Poids par cheval (servants à terre) (kilog.).	258	250	306	265	297
	Nombre de coups pour une pièce et un caisson.	157	158	130	124	120
	Nombre de servants pour l'avant-train......	2	3	2	2	»
	Nombre de servants pour la pièce.........	3	»	3	»	»

(1) A

N° 3.

principales pièces de campagne en Europe.

| LA CULASSE. | | | SE CHARGEANT PAR LA BOUCHE. | | | | | |
BELGE, 6.	RUSSE, 12.	FRANÇAIS, 7.	AUTRICHIEN, 4.	FRANÇAIS, 4.	ANGLAIS, Maxwell, 4 kilog. ou 9 livres.	AUTRICHIEN, 8.	ANGLAIS, Maxwell, 7 kilog. ou 16 livres.	FRANÇAIS, 12.
91, 5	106, 7	85, 0	80, 5	86, 5	76, 2	100, 9	91, 4	121, 3
18	16	»	6	6	3	6	3	6
2, 03	1, 4	»	4, 4	2, 8	2, 8	4, 39	2, 8	3, 5
10, 4	15, 6	»	39, 1	»	»	37, 2	20, 2	25, 0
»	19, 6	»	39, 1	17	17	»	»	»
1,520	1,510	»	1,079	1,270	1,613	1,320	1,470	1,705
1/51° - 3° 45'	1/50° - 3° 45'	8°	8° 30'	6° 53'	5° 59'	1/24° - 8°	1/30° - 5° 59'	1/81° - 6° 53'
22, 3	17, 4	»	15	16	21, 2	14, 5	19,	15
425	620	640	260	330	410	500	620	610
91, 5 - 95, 5	106, 7 - 109, 5	»	78, 5	84, 0	74, 6	98, 5	90, 0	118, 0
57, 0	106, 0	»	81, 0	72, 0	80, 0	»	78, 0	100, 0
137, 0	122, 0	»	99, 0	88, 0	122, 0	»	175, 0	131, 0
194, 0	228, 0	255, 0	180, 0	160, 0	202, 0	»	253, 0	231, 0
6, 81	11, 0	7, 0	3, 64	4, 03	4, 08	6, 55	7, 0	11, 500
0,330	0, 415	0, 400	0, 200	0, 200	0, 214	»	0, 435	0, 500
»	71	»	80	85	63	140	119	160
»	12, 70	7	3, 64	4, 52	4, 200	7, 30	7, 20	13, 0
115	»	»	56	41	108	67	160	98
5, 7	»	»	3, 64	4, 72	4, 200	6, 40	7, 0	11, 20
0, 700	1, 220	1, 200	0, 500	0, 550	0, 795	0, 925	1, 350	1, 00
1/10	1/9	1/5, 8	1/7, 3	1/7, 4	1/5, 4	1/7	1/5, 3	1/11, 5
350	345	400	335	325	420	375	430	307
1, 48	1, 52	1, 525	1, 52	1, 43	1, 57	1, 52	1, 57	1, 525
1, 46	1, 48	1, 49	1, 33	1, 43	1, 52	1, 34	1, 52	1, 49
»	515	660	435	425	555	615	665	612
»	1,135	1,800	700	755	1,000	1,115	1,285	1,222
»	»	4	3	4	4	4	4	»
»	»	1, 49	1, 10	1, 43	1, 52	1, 10	1, 52	1, 49
»	630	720	500	560	735	610	850	715
24	2	28	20	32	8	18	8	16
»	»	»	»	»	»	»	»	»
8	6	»	10	5	16	8	14	»
»	»	»	»	»	»	»	»	»
4	4	»	6	3	6	4	2	2
36	12	28	36	40	30 ou 36	30	24	18
1,750	1,720	2,020	1,201	1,330	(1) 1,730	1,720	(1) 2,150	1,937
6	6	6	6 ou 4	4	6	6	8	6
292	286	336	300 ou 200	323	290	286	269	323
138	120	116	156	164	124 ou 148	128	100	72
»	»	»	1	3	2	»	»	»
»	»	»	3	»	2	»	»	»

sacs, etc.

Nous examinerons donc le canon de 9 livres anglais et le canon de 4 kilogrammes belge au point de vue :

De la vitesse initiale,

De la courbure de la trajectoire,

De la portée maximum,

De la justesse,

De l'effet produit par les projectiles,

Du chargement,

De la rapidité de tir,

De la mobilité,

De la répartition des calibres supérieurs.

De tous les canons de campagne de l'Europe, le canon Maxwell est celui qui a la plus forte vitesse initiale. Le tableau suivant indique le rang qu'occupent sous ce rapport les différentes pièces de 4 :

N° 1. Canon Maxwell de 9 liv., charge 1/5... 420^m

N° 2. Canon belge, charge 1/8........... 372

N° 3. Canon prussien, charge 1/8.......... 360

N° 4. Canon autrichien, charge 1/7......... 335

N° 5. Canon français, charge 1/7.......... 325

N° 6. Canon russe, charge 1/9.......... 305

La bouche à feu qui approche le plus du canon anglais est le canon français de 7, avec 400 mètres de vitesse.

La même différence se produit pour la raideur de la trajectoire. Le tableau n° 4 donne les angles de tir à toutes les distances pour les canons français, anglais, belges et prussiens, rangés d'après l'ordre de leur classement.

TABLEAU N° 4.

Tableau des angles de tir.

DISTANCES.	ANGLAIS Maxwell, 16 livres, n° 1.	FRANÇAIS, 7 kilog., n° 2.	ANGLAIS, Maxwell 9 livres, n° 3.	BELGE, 6, n° 4.	PRUSSIEN, 6, n° 5.	BELGE, 4, n° 6.	PRUSSIEN, 4, n° 7.	ANGLAIS Armstrong, 9 livres, n° 8.	FRANÇAIS, 4, n° 9.	FRANÇAIS, 12, n° 12.
mètres.										
500	"	"	"	1° 12'	1° 21'	0° 54'	1° 8'	"	"	"
600	"	"	"	1° 24'	"	1° 6'	"	1° 5'	1° 30'	1° 40'
700	1° 05'	"	"	1° 42'	"	1° 24'	"	"	"	"
800	1° 20'	1° 25'	1° 28'	2° 0'	"	1° 36'	"	"	2° 10'	2° 30'
900	1° 36'	"	"	2° 18'	"	1° 54'	"	"	"	"
1,000	1° 52'	1° 57'	1° 57'	2° 36'	2° 53'	2° 12'	2° 20'	2° 55'	2° 50'	3° 20'
1,100	2° 08'	"	"	2° 54'	"	2° 30'	"	3° 10'	3° 15'	3° 50'
1,200	2° 24'	2° 32'	2° 31'	3° 12'	"	2° 48'	"	"	3° 40'	4° 25'
1,300	2° 40'	"	"	3° 30'	"	3° 6'	"	"	"	"
1,400	2° 57'	"	"	3° 48'	"	3° 24'	"	"	"	"
1,500	3° 14'	3° 29'	3° 29'	4° 12'	4° 38'	3° 42'	"	"	5° 5'	6° 0'
1,600	3° 32'	"	"	4° 30'	4° 50'	4° 06'	4° 4'	5° 4'	5° 35'	6° 35'
1,700	3° 50'	"	"	4° 48'	"	4° 24'	"	"	"	"
1,800	4° 10'	4° 30'	4° 35'	5° 12'	"	4° 48'	5° 10'	"	"	"
1,900	4° 30'	"	"	5° 36'	"	5° 2'	"	"	"	"
2,000	4° 50'	5° 33'	5° 47'	5° 54'	6° 30'	5° 30'	5° 56'	7° 40'	7° 45'	9° 0'
2,100	5° 10'	"	"	6° 18'	"	5° 54'	"	"	"	"
2,200	5° 34'	"	"	6° 42'	"	6° 18'	"	"	"	"
2,300	5° 52'	"	"	7° 6'	"	6° 48'	"	"	"	"
2,400	6° 18'	"	"	7° 30'	"	7° 12'	"	"	"	"
2,500	6° 40'	7° 9'	7° 38'	7° 54'	8° 38'	7° 30'	8° 8'	"	11° 0'	12° 20'
2,600	7° 04'	"	"	8° 24'	"	8° 6'	"	"	"	"
2,700	7° 26'	"	"	8° 48'	"	8° 36'	"	"	"	"
2,800	7° 50'	"	9° 18'	9° 18'	"	9° 6'	"	"	13° 25'	14° 35'
2,900	8° 17'	"	"	9° 48'	"	9° 36'	"	"	"	"
3,000	8° 39'	9° 21'	10° 21'	10° 18'	10° 45'	10° 1'	10° 34'	"	15° 10'	16° 0'
3,100	9° 1'	"	"	10° 48'	"	10° 36'	"	"	"	"
3,200	9° 23'	"	"	11° 18'	"	10° 6'	"	"	"	"
3,300	9° 46'	"	"	11° 48'	"	10° 42'	"	"	"	"
3,400	10° 15'	11° 18'	12° 35'	12° 18'	"	12° 12'	"	"	"	"
3,500	"	"	"	12° 54'	"	12° 48'	"	"	"	"
3,600	"	"	"	"	"	"	"	"	"	"
3,700	"	"	"	"	15° 23'	"	14° 45'	"	"	"
4,000	"	"	"	15° 54'	"	15° 54'	"	"	"	"

On peut également les placer d'après l'espace dangereux que parcourt le projectile avant de frapper le sol. Un front d'infanterie de $1^m,80$ de haut serait atteint à la distance de 1,600 mètres par le canon :

Maxwell de 16 livres, sur 21 mètres de longueur;

Français de 7
Maxwell de 9 } sur 19 à 20 mètres de longueur;
Belge de 6

Belge de 4, sur $18^m,50$ de longueur;

Français de 4, sur $12^m,50$ de longueur;

Français de 12, sur $11^m,20$ de longueur.

Le canon Maxwell de 9 livres a donc l'avantage, tout en étant suivi de très-près par le canon belge de 4.

La portée de son projectile dépend de sa vitesse initiale, de son poids, de sa forme et de sa vitesse de rotation.

L'obus anglais a pour lui une différence de vitesse initiale de près de 50 mètres. Or, dans certaines limites, on peut dire d'une manière abrégée que, pour le même projectile, une différence de 10 mètres correspond à une augmentation de portée de 300 mètres.

Les obus belges et anglais ont à peu près le même poids; le premier n'a que 2 calibres de longueur, tandis que le second en a 3. L'obus anglais a aussi une vitesse de rotation plus grande, conséquence forcée de son allongement. Il fait 190 tours par seconde, tandis que l'obus belge n'en fait que 93. Sans cette condition, l'obus allongé tendrait rapidement à prendre un mouvement de nutation qui, en augmentant la résistance de l'air, aurait pour effet de faire baisser brusquement la trajectoire vers le sol.

L'obus anglais réunit donc toutes les conditions pour avoir une grande portée. Sous l'angle de 20 degrés, angle maximum que permet l'affût, le projectile va tomber à 5,000 mètres.

On a déjà dit que, pour obtenir des portées régulières, on avait dû employer la poudre-caillou. Cette poudre est fabriquée à la meule ; elle est ensuite comprimée à la presse hydraulique, puis remise en grains, lissée et plombaginée. La grosseur des grains varie selon la bouche à feu à laquelle ils sont destinés. Pour le service de la marine, ils ont le volume d'une balle ; pour les canons de campagne, ils ont en moyenne la dimension d'un grain d'orge.

Dans l'opinion des Anglais, cette poudre a la propriété de faire descendre la tension des gaz de 7,500 à 2,500 atmosphères par pouce carré.

D'après les Belges, elle aurait le grave défaut de ne pas se conserver, et perdrait de 30 à 40 mètres de vitesse initiale en dix-huit mois. Le fait résulterait d'expériences faites à Braschaëtt dans ces quatre ou cinq dernières années.

Les Anglais répondent que, sauf l'aspect extérieur, il n'y a rien de commun entre leur poudre et la poudre essayée en Belgique. Ils citent comme preuve l'expérience suivante faite à Woolwich, le 15 de ce mois, avec le canon d'épreuves de 10 pouces, muni de l'appareil dit *Crusher-jagg*. Destiné à mesurer la tension des gaz, cet appareil a donné les résultats suivants :

POUDRE.	POIDS DE LA POUDRE.	VITESSE INITIALE.	TENSION DES GAZ EXPRIMÉE	
			en tonnes, par pouce carré.	en atmosphères, par centimètre carré.
	kilog.		tonnes.	
Belge............	52 0	342	50	1,250
Anglaise...........	54 5	345	18	460

Les Anglais ajoutent que leur poudre se conserve parfaitement.

TABLEAU N° 5.

Tableau des écarts moyens rapportés au point moyen.

DISTANCES.	FRANÇAIS.				ANGLAIS.				BELGES.				PRUSSIEN.	
	12 RAYÉ.		4 RAYÉ.		ARMSTRONG, 9 livres.		MAXWELL, 9 livres.		6 RAYÉ.		4 RAYÉ.		4 RAYÉ.	
	Écarts.		Écarts.		Écarts.		Écarts.		Écarts.		Écarts.		Écarts.	
	Hauteur.	Direction.	Hauteur.	Direction.	Hauteur.	Direction.	Hauteur.	Direction.	Hauteur.	Direction.	Hauteur.	Direction.	Hauteur.	Direction.
mètres.	m. c.	m. c.	m. c.	m. c.	m. c.	m. c.	m. c.	m. c.	m. c.	m. c.	m. c.	m. c.	m. c.	m. c.
1,000	0 75	1 47	1 45	1 20	"	"	"	"	0 56	0 70	0 65	0 75	0 65	0 50
1,200	"	"	2 00	1 40	1 50	0 79	"	"	0 72	0 87	0 82	0 97	"	"
1,300	"	1 70	"	"	"	"	"	"	"	"	"	"	"	"
1,400	"	"	"	"	"	"	1 45	0 68	"	"	"	"	"	"
1,500	"	"	3 10	1 90	"	"	"	"	"	"	"	"	"	"
1,600	"	"	"	"	1 90	1 14	"	"	1 11	1 24	1 19	1 48	"	"
1,700	2 20	1 74	"	"	"	"	"	"	"	"	"	"	"	"
1,800	"	"	"	2 50	"	"	"	"	"	"	"	"	2 30	0 90
2,000	"	"	5 60	3 00	4 60	0 96	2 40	1 95	1 54	1 65	1 61	2 11	"	"
2,100	27 00	0 80	"	"	"	"	"	"	"	"	"	"	"	"
2,200	"	"	"	"	"	"	"	"	1 87	1 87	1 85	2 48	"	"
2,400	30 00	1 86	"	"	5 60	1 75	"	0 69	"	"	2 11	2 89	"	"
2,500	"	"	8 70	4 60	"	"	"	"	"	"	"	"	"	"
2,800	"	5 60	"	"	"	"	3 00	1 14	"	"	"	"	8 00	1 35
3,000	"	"	13 60	6 40	"	"	"	"	"	2 32	"	2 96	"	"
3,100	"	"	"	"	"	"	6 40	3 20	"	"	"	"	"	"

Le tableau ci-contre nº 5 donne les écarts moyens en hauteur et en direction des canons français, anglais, belges et prussiens.

Avant d'examiner ce tableau, il importe de remarquer que les chiffres inscrits dans les colonnes des canons belges ont été obtenus en faisant depuis dix ans le relevé de tous les tirs d'école. Ceux qui figurent dans les autres colonnes résultent d'expériences spéciales. Ils ne présentent ni la même suite ni la même autorité. On ne doit donc les admettre qu'en les envisageant dans leur ensemble et en négligeant les anomalies.

L'étude attentive de ce document montre que le canon Maxwell est inférieur au canon belge comme régularité de portée, et un peu supérieur au point de vue de la justesse en direction. Mais si l'on tient compte de ce que le canon anglais a été tiré dans des expériences faites pour relever ses qualités, tandis que les moyennes fournies par les Belges portent sur les exercices annuels de la troupe, on en conclura que le canon anglais a moins de justesse que le canon belge.

TABLEAU N° 6.

TIR COMPARATIF

DES CANONS DE 4 PRUSSIEN ET ANGLAIS.

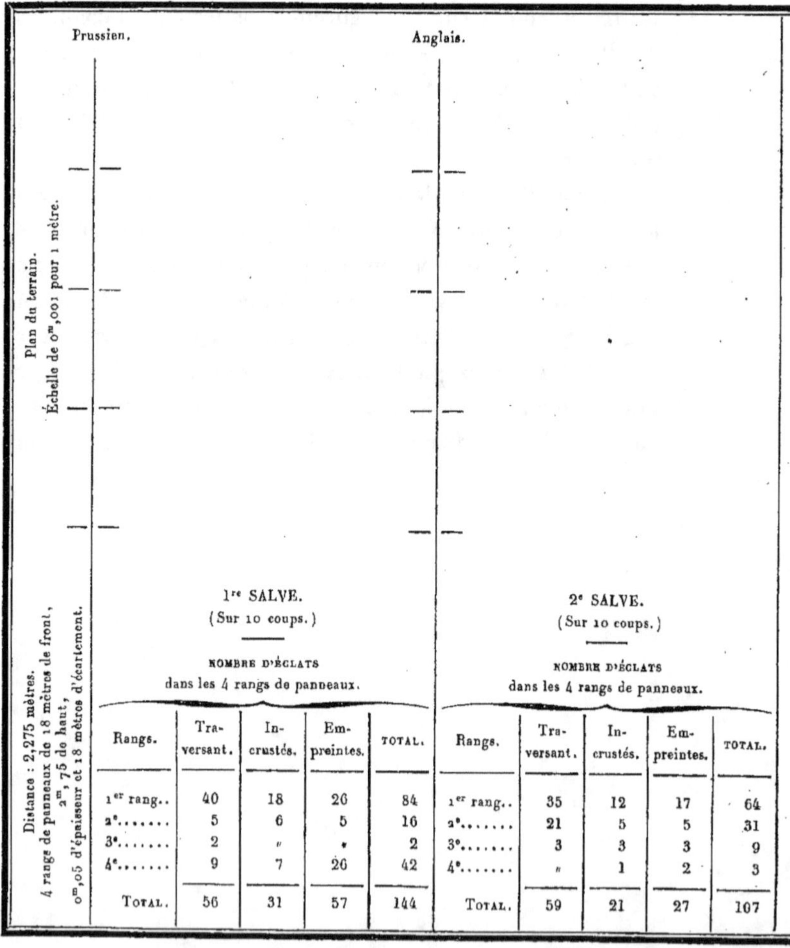

1re SALVE.
(Sur 10 coups.)

NOMBRE D'ÉCLATS
dans les 4 rangs de panneaux.

Rangs.	Tra-versant.	In-crustés.	Em-preintes.	TOTAL.
1er rang..	40	18	26	84
2e........	5	6	5	16
3e........	2	"	•	2
4e........	9	7	26	42
TOTAL.	56	31	57	144

2e SALVE.
(Sur 10 coups.)

NOMBRE D'ÉCLATS
dans les 4 rangs de panneaux.

Rangs.	Tra-versant.	In-crustés.	Em-preintes.	TOTAL.
1er rang..	35	12	17	64
2e........	21	5	5	31
3e........	3	3	3	9
4e........	"	1	2	3
TOTAL.	59	21	27	107

en octobre 1871.

Tableau N° 7.

TIR COMPARATIF

DES SHRAPNELLS DE 4 ANGLAIS À FUSÉES PERCUTANTES ET À FUSÉES À TEMPS (BOXER).

Coupe du terrain.

Distance : 2,275 mètres.
Mêmes panneaux.

3ᵉ SALVE.
(Sur 10 coups.)

NOMBRE DE BALLES ET D'ÉCLATS
dans les 4 rangs de panneaux.

Rangs.	Tra-versant.	In-crustés.	Em-preintes.	TOTAL.
1ᵉʳ rang..	4	2	1	7
2ᵉ........	20	14	11	45
3ᵉ........	7	10	14	31
4ᵉ........	8	19	15	42
TOTAL.	39	45	41	125

4ᵉ SALVE.
(Sur 10 coups.)

NOMBRE DE BALLES ET D'ÉCLATS
dans les 4 rangs de panneaux.

Rangs.	Tra-versant.	In-crustés.	Em-preintes.	TOTAL.
1ᵉʳ rang..	1	3	"	4
2ᵉ........	86	8	6	100
3ᵉ........	70	8	29	107
4ᵉ........	45	22	33	100
TOTAL.	202	41	68	311

C'est en effet ce que reconnaissent pour la plupart les officiers de la commission de Shœburyness. Mais ils s'empressent d'ajouter que la différence est très-faible, qu'elle se trouve parfois inversée, et qu'en général, plus la distance est grande, plus le canon anglais tend à reprendre l'avantage. Ils disent, non sans raison, qu'à la guerre le but n'est pas de faire des trous dans une cible, mais qu'un projectile comme le leur, plus rasant et animé de plus de vitesse que l'obus prussien, sera plus meurtrier.

Le tableau qui précède (n° 6) donne la reproduction du dernier tir exécuté à Shœburyness. Il est complétement favorable à l'obus anglais. Il montre que ce dernier a parfois une justesse qu'aucun projectile forcé n'a pu dépasser jusqu'ici.

Puisqu'on est obligé d'admettre en moyenne une légère infériorité, il faut, pour motiver une préférence, faire entrer en ligne de compte l'effet des projectiles et les difficultés de chargement.

Les Anglais et les Belges mettent dans leurs obus de la poudre fine de première qualité. Les premiers en mettent 2 14 grammes, les seconds 2 44 grammes. Les obus belges ont à l'intérieur des rainures marquant des lignes de rupture. Il en est de même en Autriche.

Le nombre moyen d'éclats est :

Pour l'obus de 8 autrichien........ 6o

Pour l'obus de 6 belge........... 45

Pour l'obus de 4 belge........... 43

Pour l'obus de 4 autrichien....... 4o

Pour l'obus de 16 livres anglais....

Pour l'obus de 9 livres anglais..... 28

Pour l'obus de 12 livres français . . . 21

Pour l'obus de 4 livres français. 19

Ce tableau montre l'efficacité des rainures intérieures. L'utilité d'employer des poudres fines en ressort d'une manière claire. Pour la puissance d'éclatement comme pour la justesse, les obus français occupent le dernier rang. Ils ne reprendront une autre place que lorsque nous aurons emprunté à nos voisins l'esprit de prévoyance et de soins sans lequel il faut renoncer à avoir des armes et un tir de précision.

La vitesse de l'obus anglais contribue dans une large mesure à l'efficacité de ses éclats et leur donne une supériorité marquée au point de vue de la force de projection.

NOMBRE D'ÉCLATS PAR COUP SUR UN FRONT D'INFANTERIE.

DISTANCES.	CANONS BELGES		CANON Maxwell de 4.	CANON français de 12.	CANON prussien de 4.	CANON français de 4.
	de 6.	de 4.				
mètres.						
800	10	8	" (1)	" (1)	" (1)	" (1)
900	"	"	"	5	"	"
1,200	10	7	22	"	"	5
1,600	8	6	13	"	"	"
1,800	5	7	"	1, 8	"	"
2,300	"	"	7	"	9	1, 8

(1) Tir exécuté avec 4 rangs de panneaux figurant un bataillon en colonne par peloton.

Ainsi l'obus anglais met au but un nombre d'éclats moindre que l'obus prussien, mais ils sont plus meurtriers et vont plus loin. Quant à l'obus français de 12, quoiqu'il porte 11 kilog. 5 gr. de fonte, il fournit un nombre d'éclats utiles insignifiant par rapport aux projectiles belges et anglais, qui ne pèsent que 6 kilogrammes. L'obus français de 4 tiré sur des panneaux figurant, non pas un front d'infanterie, mais une colonne serrée, n'a jamais mis en moyenne plus de cinq éclats par coup.

Les shrapnells belges sont armés de fusées percutantes. Ceux des Anglais, comme les nôtres, sont armés de fusées fusantes. Mais tandis que nos fusées correspondent à quatre distances déterminées, celles des Anglais doivent être réglées selon le temps de parcours (fusées Boxer). (Voir le tableau n° 7.)

Les résultats fournis par les shrapnells belges, anglais et français sont consignés dans le tableau suivant :

NOMBRE DE BALLES ET D'ÉCLATS

MIS PAR LES SHRAPNELLS DANS UN RANG DE PANNEAUX.

DISTANCES.	Canons belges				Canon anglais de 9 livres (1) (63 balles).	Canon français de 4 (2) (80 balles).
	de 6 (1) (96 balles).		de 4 (1) (62 balles).			
	Front d'infanterie	Front de cavalerie	Front d'infanterie	Front de cavalerie	Front d'infanterie	Front de cavalerie
mètres.						
800	24	36	20	29	"	25
1,000	24	35	18	27	"	21
1,200	23	34	16	24	22	21
1,400	23	33	15	22	12	17
1,600	22	32	14	20	9	"
2,300	"	"	"	"	12 (3)	"

(1) A fusées percutantes.

(2) A fusées fusantes à 4 distances.

(3) Dans un tir comparé, le nombre des éclats a été de 31 par coup, dans les cibles, avec la fusée Boxer (4 rangs de panneaux).

En étudiant le tableau ci-dessus, on reconnaît que les shrapnells belges ont une supériorité complète.

La fusée à percussion leur donne, en effet, de grands avantages. Elle assure l'éclatement du projectile ; elle peut servir à toutes les distances, quelque grandes qu'elles soient. Elle permet d'apprécier les distances et de corriger les erreurs commises dans cette appréciation. Elle augmente les résultats du tir en ajoutant un grand effet moral à l'effet physique.

Le seul inconvénient de la fusée à percussion est de ne faire éclater le projectile qu'après avoir touché le sol et de rendre ainsi les effets du tir dépendants de la nature et de la configuration du terrain au point de chute.

Ce défaut est réel ; mais il n'en est pas moins vrai que les puissances munies de fusées à percussion avant les dernières guerres les ont conservées.

Pendant la campagne du Schleswig, les Prussiens avaient des shrapnells armés de fusées à temps. Ils les ont abandonnés et affirment que les shrapnells percutants valent mieux. Ils ne tiennent aucun compte des objections tirées de la valeur du terrain.

Les Autrichiens déclarent n'avoir pu juger en 1866 de l'effet de leurs shrapnells à fusées fusantes. Ils ont admis la fusée percutante.

Les Anglais attachent au contraire un grand intérêt à la conservation de la fusée Boxer. Ils citent, non sans orgueil, des relevés de tir semblables à ceux du tableau n° 8.

Tableau n° 8.

Tableau comparatif du tir des shrapnells des canons anglais de 9 et de 16 livres.

(Fusées Boxer.)

DISTANCES.	RANGS.	CANONS ANGLAIS DE 9 LIVRES. (10 coups par distance.)				CANONS ANGLAIS DE 16 LIVRES. (10 coups par distance.)				CANON FRANÇAIS DE 4. (10 coups par distance.)			
		Traversant.	Incrusté.	Empreintes	TOTAL.	Traversant.	Incrusté.	Empreintes	TOTAL.	Traversant.	Incrusté.	Empreintes	TOTAL.
mètres. 1,400.	1er rang...	"	"	"	"	65	130	90	285	100	55	13	168
	2e........	"	"	"	"	83	70	14	167	"	"	"	"
	3e........	"	"	"	"	107	65	67	239	51	53	12	116
	4e........	"	"	"	"	12	33	87	134	"	"	"	"
		"	"	"	"	267	298	260	825	151	108	25	284
1,800.	1er rang...	"	"	"	"	42	58	61	161	"	"	"	"
	2e........	"	"	"	"	68	41	3	112	"	"	"	"
	3e........	"	"	"	"	72	54	173	299	"	"	"	"
	4e........	"	"	"	"	8	12	99	119	"	"	"	"
		288	72	112	472	190	165	336	691	"	"	"	"
2,300.	1er rang...	1	3	"	4	43	12	76	131	"	"	"	"
	2e........	86	8	6	100	101	8	21	130	"	"	"	"
	3e........	70	8	29	107	98	7	37	142	"	"	"	"
	4e........	45	22	33	100	51	52	26	129	"	"	"	"
		202	41	68	311	293	79	160	532	"	"	"	"

Ils considèrent même que le puissant effet des shrapnells
ainsi employés constitue un argument à faire valoir en fa-
veur du chargement par la bouche, sans lequel ils devraient
renoncer à la fusée à temps.

Cet argument serait, en effet, assez sérieux, si le nombre
des balles et des éclats mis dans les panneaux, à toutes les

distances, ne descendait jamais au-dessous de 3o par coup.
Mais il suffit de compulser le compte rendu des expériences
pour reconnaître que les chiffres journaliers varient du
simple au triple, et que ceux du tableau 7 sont un maximum.
Le résultat du tir dépend uniquement de l'appréciation de
la durée du parcours et du sang-froid du chef de pièce.
Tant que l'Angleterre aura le bonheur de conserver ses ad-
mirables cadres, elle pourra compter sur leur habileté et
sur leur aptitude à tirer parti d'instruments délicats. Mais,
même avec leur concours, elle agirait peut-être sagement
en imitant les procédés plus pratiques des Allemands.

Le chargement de la pièce anglaise se fait très-facilement,
à peu près comme le nôtre. La force de l'explosion balaye
les résidus. L'intérieur de l'âme reste toujours parfaitement
net.

L'école de Shœburyness n'a pas encore essayé le tir
plongeant. Grâce à la nature de sa poudre, il est douteux
qu'elle rencontre les difficultés que ce genre de tir nous a
fait éprouver.

Les Belges, comme les Prussiens, ont l'inconvénient du
plombage, qui force à racler les rayures tous les vingt ou
vingt-cinq coups.

L'obturateur belge est en carton pour les canons de 6 et
de 4. Il donne de très-bons résultats; mais il offre ce grave
inconvénient, que la Belgique est tributaire de la papeterie
d'Huygts, la seule dont la fabrication soit satisfaisante.
Tous les essais faits avec des papiers d'autre provenance
ont échoué.

La Prusse prend dans la même usine le papier qui lui
est nécessaire. Elle se trouverait donc réduite à ne pouvoir
remplacer ses approvisionnements, si la Belgique en inter-
disait l'exportation.

Le canon de 4 prussien a pour obturateur l'anneau Broadwell. Cet anneau a mal fonctionné pendant la guerre. A Gravelotte et à Saint-Privat, 23 pièces ont été mises hors de service. Il a fallu plusieurs jours pour les réparer. M. Krupp fait faire à Essen des recherches actives pour améliorer cette partie du mécanisme. Quelles que soient les difficultés qui peuvent survenir dans le service du canon anglais, quels que soient les inconvénients auxquels on s'expose, quand on a des projectiles aussi justes et qui peuvent se coincer dans l'âme, ces défauts n'approchent pas des embarras que présente le service des pièces belges et prussiennes et des soins qu'elles exigent.

Pour les apprécier, il est nécessaire d'examiner en détail comment se fait le chargement de la pièce belge.

Le règlement belge a surexcité au dernier point l'émulation des capitaines. Chaque année un ordre général classe les batteries d'après les résultats du tir de l'année. La latitude laissée aux commandants de batterie est en proportion de leur responsabilité.

La veille d'une école à feu, le capitaine se rend à la salle d'artifice avec ses artificiers. Ceux-ci vérifient sous ses yeux les dimensions des sachets. Ils pèsent minutieusement la poudre et la tassent en frappant à petits coups. Ils prolongent cette opération jusqu'à ce que la charge soit dure comme une pierre. On présente le sachet plein à un gabarit, et on le rejette s'il n'a pas exactement la forme voulue.

Le capitaine choisit lui-même les 12 projectiles qu'il doit tirer le lendemain. Il les mesure au compas d'épaisseur et prend les dimensions du premier anneau de plomb. Il range ses 12 obus par ordre de diamètre, marque le plus gros du numéro 1 et le plus petit du numéro 12. La

pièce, en effet, s'encrasse à chaque coup, et la couche de
résidus compensera la diminution du diamètre.

Le lendemain, lorsqu'on charge les pièces, les officiers
sont armés de petites règles graduées. Ils s'assurent que le
projectile, enfoncé avec beaucoup de douceur, occupe dans
l'âme une position parfaitement déterminée. L'expérience
démontre que, poussé un centimètre plus en avant ou plus
en arrière, il gagnera ou perdra 40 ou 50 mètres de portée.

Le sachet est placé d'une certaine façon, toujours de
même. Chaque capitaine renchérit de précautions. Chacun
a, outre les soins généraux, des pratiques particulières
qu'il publie avec triomphe quand il croit avoir obtenu un
bon résultat.

C'est ainsi que le tir belge va chaque année en s'amélio-
rant. Les écarts moyens témoignent de ses progrès et d'une
justesse très-supérieure à ce qu'indiquent les relevés généraux faits depuis dix ans.

Minuties exagérées, dira-t-on, et qui ne sont pas admis-
sibles à la guerre! C'est ce qu'ont pensé les Anglais. Ils ont
pris des soins tout aussi attentifs dans la confection de leurs
munitions. Mais il y a une grande différence entre la précision anglaise et la précision belge. La première s'arrête sur
le seuil de l'arsenal, où elle est une qualité, et la seconde
s'étend jusqu'à l'opération du chargement, c'est-à-dire jusqu'au champ de bataille, où elle est un défaut.

A Woolwich, une machine pèse la poudre, la verse dans
le sachet et la tasse. Quoiqu'elle donne toute garantie de
précision, on vérifie, sur un dixième des charges, les conditions de volume et de poids.

Les projectiles sont admirablement coulés. Les ailettes
sont placées avec un excès de longueur de 1 ou 2 millimètres. L'obus est ensuite mis sur le tour, et les ailettes sont

tournées à la dimension rigoureusement exacte, c'est-à-dire de manière à laisser entre elles et le fond des rayures 2 millimètres de jeu. Un mouvement de va-et-vient, dans le sens de l'axe, permet ensuite d'abattre les flancs au ciseau.

Ainsi, de quelque côté que l'on cherche des exemples, on recueille le même enseignement. La justesse du tir est un don précieux qu'aucune arme ne possède par elle-même. Elle ne l'acquiert que par des soins ingénieux et persévérants.

Il faut appliquer ces soins à la bonne fabrication des munitions et recourir à un outillage perfectionné. Il faut, de plus, qu'un règlement bien entendu, substitué à celui de 1835, éveille les amours-propres, provoque les efforts individuels des officiers et les persuade que la meilleure arme ne vaut que ce que valent ceux qui s'en servent.

La rapidité du tir est la même, quelle que soit la bouche à feu. On doit toujours compter sur deux coups par minute. Si le feu doit se prolonger, l'avantage restera au canon se chargeant par la bouche. On a de plus, avec ce dernier, la possibilité de commencer le pointage pendant le chargement.

Si on classe les différents canons de l'Europe d'après le poids de la voiture avec avant-train et coffres chargés, on voit qu'ils sont échelonnés de 1,200 à 2,100 kilogrammes.

Le canon autrichien est le plus léger; puis viennent les pièces russes, françaises, belges, prussiennes et anglaises. Le poids de celles-ci est de 1,700 kilogrammes.

Tableau Nº 9.

Tableau des poids et approvisionnements des différentes bouches à feu de l'Europe.

CLASSEMENT		BOUCHES À FEU.	POIDS TOTAL, affût, pièce et avant-train.	NOMBRE de CHEVAUX par pièce.	CHARGE pour chaque CHEVAL.	APPROVISIONNEMENT	
PAR ORDRE						de l'avant-train et des coffres	du caisson.
de poids absolu.	de poids par cheval.						
			kilog.		kilog.		
		BATTERIES À CHEVAL ET DE DIVISION.					
1	1	4 autrichien	(1) 1,200	6	200	40	116
2	2	4 russe	1,225	6	204	18	(2) 112
3	15	4 français	1,343	6	336	44	120
4	3	4 belge	1,500	6	250	50	108
5	5	4 prussien	1,550	6	258	49	108
6	6	9 livres Armstrong	1,593	6	265	34	90
7	7	9 livres Maxwell	(3) 1,700	6	283	34	90
		ARTILLERIE DE RÉSERVE.					
8	8	12 russe	1,720	6	287	12	108
9	9	8 autrichien	1,728	6	288	34	94
10	10	6 belge	1,750	6	292	38	100
11	11	6 prussien	1,782	6	297	30	90
12	12	12 livres Armstrong	1,835	6	306	34	90
13	13	12 français	1,937	6	323	18	51
14	14	7 français	2,000	6	333	32	90
15	4	16 livres Maxwell	(4) 2,050	8	256	28	72

(1) A 4 chevaux pour les divisions d'infanterie.

(2) 2 caissons à deux roues.

(3) 1,800 kilogrammes avec les sacs et le campement.

(4) 2,150 kilogrammes avec les sacs et le campement.

Mais si l'on prend comme mesure de la mobilité le poids que traîne chaque cheval et non pas le poids absolu, on arrive à un tout autre classement. Presque toutes les pièces de l'Europe sont en effet attelées à six chevaux; il n'y a que trois exceptions :

Le canon de 4 français, à . . . . . .   4 chevaux.
Le canon de 4 autrichien, à   4
Le canon de 16 livres anglais, à . .   8

Il résulte de là que partout, excepté en France, le tirage de la voiture est inférieur à 300 kilogrammes par cheval. En France, au contraire, il est de :

Canon de 12 . .   323 kilogrammes par cheval.
Canon de 7 . . .   333
Canon de 4 . . .   336

sans compter les sacs, l'avoine et les effets de campement.

La fatigue des chevaux est donc plus grande dans nos batteries à cheval et dans nos batteries divisionnaires que dans notre artillerie de réserve. Le poids à traîner est d'autant plus lourd que les allures doivent être plus vives.

Cette surcharge explique la promptitude avec laquelle nos chevaux d'artillerie sont ruinés dans toutes les campagnes. On doit se demander si, même au point de vue de la difficulté des remontes et de l'économie, il n'y aurait pas avantage à remettre les pièces légères à 6 chevaux au moins pour les batteries à cheval.

Ce serait, pour 3,000 pièces de campagne, dont environ 500 comprises dans des batteries à cheval de 4, une augmentation de 1,000 chevaux sur les pièces. On la compenserait par une réduction sur les caissons. Les caissons de 12, et particulièrement ceux qui sont dans les parcs, vont presque toujours au pas. Pour ces dernières voitures, le tirage, qui serait porté à 450 kilogrammes, serait très au-dessous de ce que peut donner le cheval aux allures lentes.

Les Prussiens et les Belges n'ont que deux calibres, le 4 et le 6. Les Anglais en ont trois, représentés par leurs canons de 9 livres ou 4 kilogrammes, 16 livres ou 7 kilogrammes, et 40 livres ou 18 kilogrammes.

Le canon de 9 livres est destiné à l'artillerie à cheval et à une partie de l'artillerie divisionnaire.

Le canon de 16 livres est destiné à fournir l'autre partie de l'artillerie divisionnaire et la plus grande partie de l'artillerie de réserve.

Deux batteries de 40 livres doivent compléter la réserve et être employées comme batteries de position.

Il est difficile d'indiquer en ce moment l'organisation prussienne. Dès le début de la guerre, et, dit-on, après la bataille de Borny, le comte de Moltke fit répartir son artillerie de réserve entre ses divisions. On ignore si cette disposition sera transitoire ou permanente (1).

Des études avaient été faites en France avant la guerre pour doter chaque corps d'armée d'une batterie de position composée de pièces de 24 court. Sans examiner si ces dernières pièces convenaient parfaitement au rôle qui leur était assigné, on doit regretter que l'armée n'ait pas été pourvue de batteries assez puissantes pour détruire ou tenir à distance les batteries légères de l'ennemi.

Depuis que l'artillerie a acquis une portée de 5 ou 6 kilomètres, la légèreté a perdu une partie de son ancienne importance. Les aptitudes manœuvrières jouent un moindre rôle. L'art consiste à prendre de bonnes positions et non pas à en corriger de mauvaises. Des batteries d'une grande portée et d'un puissant effet, telles que les batteries anglaises de 40 livres, sont donc plus utiles que jamais pour assurer à

____

(1) Les Prussiens n'ont d'ailleurs jamais eu de réserve générale.

une armée les points les plus importants du champ de bataille.

On peut résumer en quelques mots le parallèle entre les deux pièces rivales.

La pièce belge a un peu plus de justesse, mais la différence est peu sensible et elle paraît diminuer à mesure que la distance augmente. Aux grandes distances elle est assez faible pour que le moindre hasard favorable rende l'avantage au canon anglais.

L'obus belge donne moitié plus d'éclats. Ceux de l'obus anglais sont plus gros et portent plus loin. Ils forment une gerbe meurtrière, même à grande distance.

Les deux systèmes exigent les mêmes soins de fabrication, mais le système anglais a pour lui la facilité de son chargement.

PROJET D'UNE NOUVELLE PIÈCE DE CAMPAGNE.

L'examen et la comparaison des canons anglais et belges seraient un travail stérile, si leur conclusion n'était pas une étude des conditions que doit remplir notre nouveau canon de campagne.

Deux types sont en présence : le type anglais, qui dérive du nôtre, et le type belge ou prussien. Mais tous deux ne peuvent être introduits en France qu'avec des modifications.

Aucune de nos usines n'est en mesure, en effet, de commencer, avec certitude absolue de succès, la fabrication courante de tout un matériel en acier.

M. Krupp, malgré la perfection de ses produits, n'aurait pas vaincu les répugnances de l'artillerie prussienne, sans le patronage du roi de Prusse. Aujourd'hui encore l'autorité de son royal associé ne le met pas à l'abri des attaques.

La fabrique d'Essen éprouve de temps à autre des mé-
comptes. Un canon de 8 tonnes et de 9 pouces a éclaté
cette année au camp de Saint-Maurice. Plus récemment
encore, un canon de 12 tonnes et de 8 pouces a éclaté à
Cronstadt. Ces explosions ont rappelé que la confiance dans
l'acier ne peut jamais être absolue, et qu'elle semble ex-
clure les fortes charges et les grandes vitesses.

La fabrication des canons anglais donne la sécurité la
plus complète. Mais leur prix est peu en rapport avec les
ressources actuelles de la France. Non-seulement chaque
canon de 4 coûte 2,300 francs, mais pour en produire il
faut monter un outillage compliqué qu'un nouveau changement rendrait inutile.

Notre industrie nationale offre d'ailleurs des procédés
moins dispendieux et qui paraissent aussi efficaces, au
moins pour les petits calibres.

On ne peut donc chercher, comme la Prusse et la Belgique, à combiner avec l'emploi de l'acier le chargement
par la culasse. On ne doit pas non plus, comme l'Angleterre, recourir au système Fraser.

Il n'est cependant pas impossible de suivre la voie tra-
cée par les Anglais. Tout en conservant nos pièces de
bronze, on peut leur appliquer la plupart des perfectionne-
ments qui ont si bien réussi à Woolwich.

On aurait la probabilité de réussir dans une certaine mesure, en procédant comme il suit :

On conserverait le canon de 4, modèle 1858; on le fo-
rerait au calibre de 94 millimètres (au lieu de 86 mill. 5);
on introduirait dans l'âme un tube d'acier de 12 millimètres d'épaisseur, réduisant le calibre à 70 millimètres.

La pièce, tout en conservant la même longueur absolue

($1^m,40$), serait ainsi portée de 16 à 20 calibres de longueur d'âme.

Le poids de la bouche à feu serait de 360 kilogrammes, au lieu de 330.

Le diamètre du projectile serait réduit de 84 millimètres à 69 millimètres, de manière à ne laisser qu'un millimètre de vent. La longueur de l'obus serait portée de 2 à 3 calibres. Les parois seraient relativement plus épaisses, de manière à augmenter la densité moyenne. Le poids total de l'obus chargé serait de $3^k,5$.

Le poids de la pièce serait donc de 103 fois celui du projectile; la charge serait de 700 grammes, c'est-à-dire le 1/5 du poids de l'obus et le 1/510 de celui de la pièce.

Ce sont à très-peu près les proportions admises dans le système anglais. Elles permettraient de compter sur un recul acceptable et sur une résistance suffisante de la part de l'affût.

Les rayures resteraient les mêmes.

On aurait à essayer comparativement la poudre ordinaire et des poudres denses. Mais cette recherche devrait être entreprise avec la conviction, pour ne pas dire la certitude, que nos poudres actuelles sont incompatibles avec la justesse de l'arme. L'emploi de la poudre comprimée, soit remise en grains, soit prise sous une forme massive, paraît être la solution obligée. Elle nous permettrait d'utiliser pour notre matériel de campagne les approvisionnements existant actuellement dans nos magasins. Si l'on ne veut pas se lancer dans les études longues et délicates qu'exige la comparaison des différentes poudres étrangères, le plus rapide et le plus sûr serait de rechercher la meilleure forme à donner aux cartouches de poudre comprimée pour assurer leur conservation dans le transport et dans les coffres.

La bouche à feu ainsi établie aurait une vitesse de 400 mètres environ et une trajectoire à peu près semblable à celle du canon anglais.

Le compartimentage des coffres pourrait être conservé. Quelques dispositions de détail suffiraient pour assurer les obus dans leur alvéole, malgré la diminution du diamètre.

La pièce, portant avec son caisson 164 coups, resterait la mieux approvisionnée de l'Europe. Celles qui prendraient rang après elle seraient :

N° 1, le canon belge, avec 158 coups ;

N° 2, le canon prussien, avec 157 coups;

N° 3, le canon autrichien, avec 156 coups;

N° 4, le canon russe, avec 130 coups;

N° 5, le canon anglais, avec 124 coups.

Le poids de la pièce ne serait pas changé; celui du caisson serait diminué de 40 kilogrammes.

Les munitions seraient fabriquées par des procédés analogues à ceux de Woolwich.

En transformant, d'après la marche que l'on vient d'indiquer, nos canons de 4 en canons de 3 1/2 , on aurait l'avantage d'obtenir une trajectoire très-raide. On conserverait toute la simplicité du système français.

Cette méthode présenterait en outre une grande économie. Elle coûterait environ 300 francs pour la pièce et 100 francs pour l'affût et les coffres. Le renchérissement des munitions serait fort peu de chose.

Elle pourrait être mise rapidement à exécution. Si, au contraire, on juge nécessaire de prendre le chargement par la culasse, on peut jusqu'à un certain point se laisser guider par l'application qui en a été faite dans le canon de 7. Ce dernier présente en effet des défauts qu'il convient d'éviter et des qualités précieuses que l'on doit s'efforcer de conserver.

Il serait nécessaire de refondre les pièces de 4. On en profiterait pour leur mettre une âme d'acier et les réduire au calibre de 70 millimètres. On les porterait à la longueur de 25 calibres, sauf à les rogner ultérieurement. Leur poids serait d'environ 380 kilogrammes.

Le projectile serait à manchon de plomb; il aurait 3 calibres de longueur. Tout chargé et garni de sa fusée, il pèserait $3^k,5$. Son poids serait donc le 1/109 de celui de la pièce.

La charge serait du 1/6, c'est-à-dire de 600 grammes.

On emploierait les poudres comprimées, soit remises en grains, soit en galettes. On conserverait dans tous les cas le système de l'inflammation centrale, et les cartouches à enveloppes métalliques, telles qu'on les emploie dans le canon de 7. Lorsque, en effet, on observe les difficultés de chargement qu'ont éprouvées les Prussiens et les soins qu'exige l'obturateur belge, on doit s'applaudir d'avoir trouvé une cartouche dont les inconvénients, au point de vue du tir, sont faciles à éviter. Cette cartouche a l'avantage de donner un maximum de vitesse initiale pour un minimum de charge. Par le seul fait de l'obturation de la lumière, elle augmente la vitesse initiale d'environ 10 mètres; elle ménage surtout la pièce et fait porter l'effort des gaz sur une partie mobile et sans valeur, précisément au point où cet effort est le plus dangereux.

Le seul défaut sérieux que l'on reproche au canon de 7 est le manque de solidité. Aussi, dans la nouvelle pièce de 4, l'épaisseur du métal au tonnerre devrait être proportionnellement plus grande que dans les récents essais; elle devrait être plus grande que dans le canon de 4 actuel.

Il importe, en effet, d'éviter les gonflements que, par suite
de circonstances accidentelles, l'effort des gaz a produits
dans quelques canons de 7. Il est surtout nécessaire d'al-
longer et de renforcer l'appareil de culasse, d'augmenter
le nombre des filets et d'en adoucir les arêtes. Comme
dans le premier type, le compartimentage des coffres serait conservé.

Le poids des voitures et le nombre de coups par pièce
seraient les mêmes.

La dépense serait plus forte que dans le système précédent; il y aurait à ajouter le prix de la refonte et celui de
l'appareil de culasse, c'est-à-dire environ 600 francs par
pièce.

Le prix des munitions serait plus élevé que si l'on adop-
tait le chargement par la bouche. La différence ne serait
cependant pas très-élevée, la cartouche ne coûtant que
70 centimes.

En résumé, de ces deux types de transformation le premier est celui qui offre le plus de sécurité; son adoption
est le parti le plus simple. Il donne, si tant est qu'en pa-
reille matière on puisse hasarder des prévisions, une certitude presque complète de réaliser à très-peu de frais une
amélioration considérable.

Le second type paraît destiné à donner plus de justesse.
Il a l'inconvénient de conserver les embarras et les soins du
chargement par la culasse, mais il est dans le sens du progrès. Il marque un premier pas vers les améliorations que
l'on peut déjà pressentir et qui auront pour résultat l'augmentation des vitesses initiales.

On ne peut se dissimuler d'ailleurs que depuis la guerre
beaucoup d'officiers d'artillerie sont aussi portés à ad-

mettre un changement radical qu'ils en étaient éloignés au commencement de 1870. Ils voient avec répugnance tout ce qui ressemble à la conservation d'un système d'artillerie et de théories auquel ils imputent une partie de leurs malheurs.

Si ces considérations doivent peser dans la balance, il faut incliner vers la seconde solution.

Dans tous les cas, que l'on adopte l'une ou l'autre ou que l'on donne la préférence à quelque autre procédé différent des deux premiers, on doit toujours avoir recours à un outillage perfectionné et fabriquer les munitions d'après des méthodes toutes nouvelles.

Ce serait courir à un insuccès certain que de remettre le soin de cette transformation délicate à tout autre qu'à un officier familiarisé avec les ressources de l'industrie et connu pour un praticien expérimenté.

Londres, 25 octobre 1871.

Le Lieutenant-Colonel du 13ᵉ régiment d'artillerie,

H. BERGE.

Imprimerie nationale. — Février 1872.

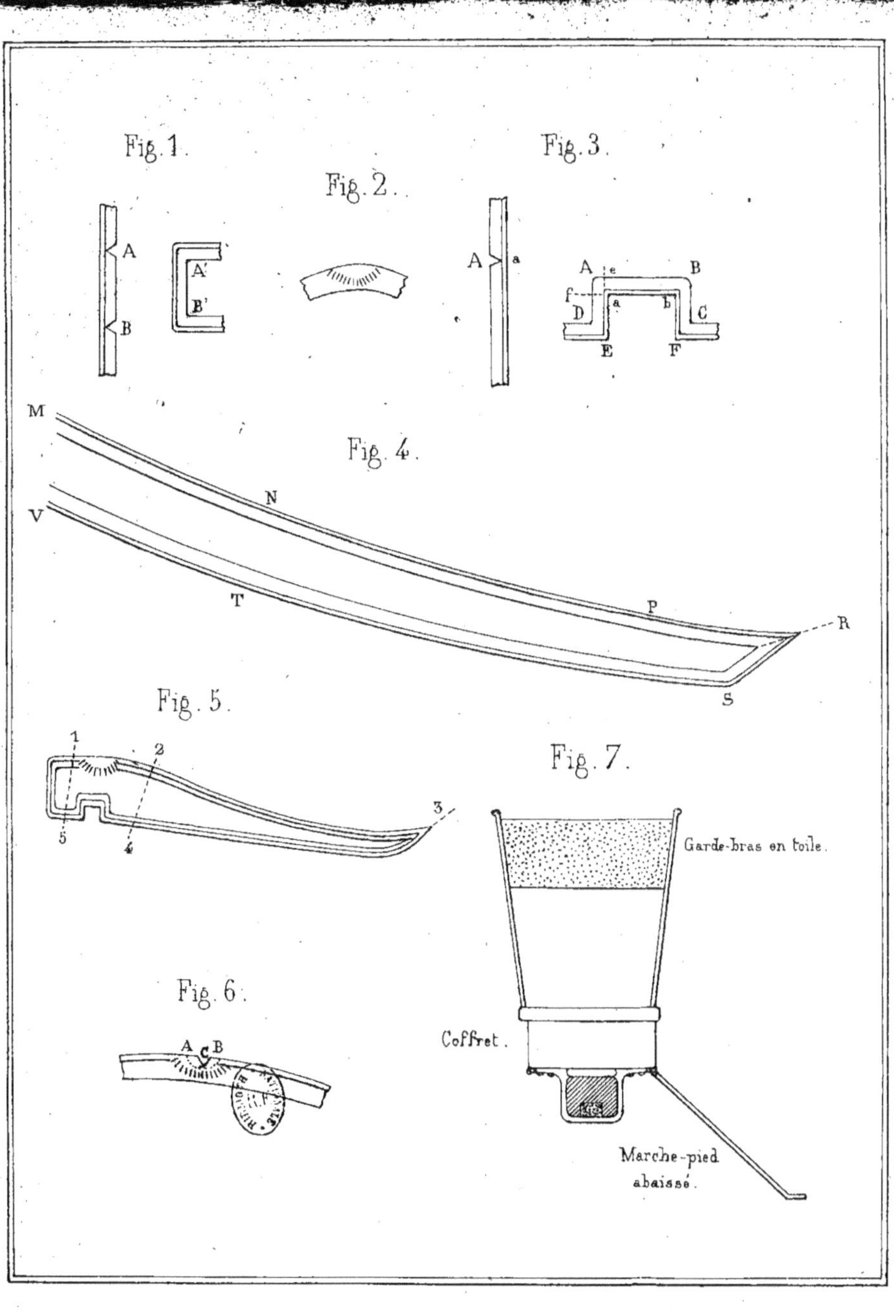

Fig. 1.
A
B
Fig. 2.
A'
B'
Fig. 3.
A
a
A e B
f
D a b C
E F
Fig. 4.
M
N
V
T
P
R
S
Fig. 5.
1
2
3
5
4
Fig. 6.
A C B
Fig. 7.
Garde-bras en toile.
Coffret.
Marche-pied
abaissé.

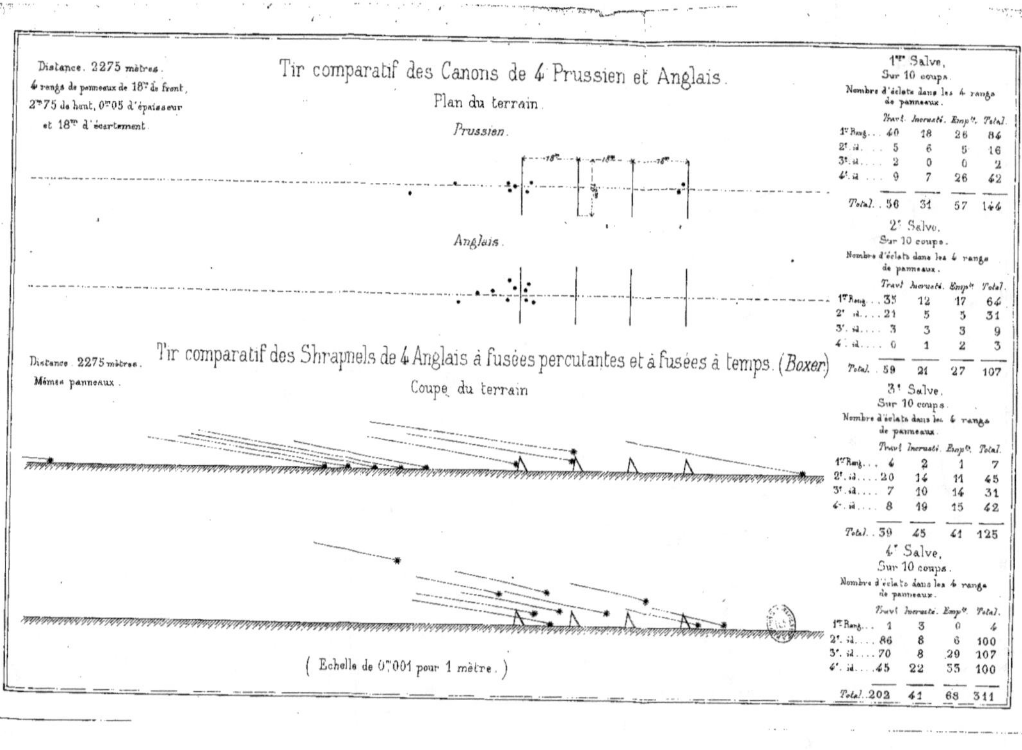

	Travᵗ	Incrustᵗ	Empᵗ	Total
1ᵉʳ Rang...	40	18	26	84
2ᵉ id...	5	6	5	16
3ᵉ id...	2	0	0	2
4ᵉ id...	9	7	26	42
Total..	56	31	57	144

	Travᵗ	Incrustᵗ	Empᵗ	Total
1ᵉʳ Rang...	35	12	17	64
2ᵉ id...	21	5	5	31
3ᵉ id...	3	3	3	9
4ᵉ id...	0	1	2	3
Total.	59	21	27	107

	Travᵗ	Incrustᵗ	Empᵗ	Total
1ᵉʳ Rang...	6	2	1	7
2ᵉ id...	20	14	11	45
3ᵉ id...	7	10	14	31
4ᵉ id...	8	19	15	42
Total..	39	45	41	125

	Travᵗ	Incrustᵗ	Empᵗ	Total
1ᵉʳ Rang...	1	3	0	4
2ᵉ id...	86	8	6	100
3ᵉ id...	70	8	29	107
4ᵉ id...	45	22	33	100
Total.	202	41	68	311